普通高等教育艺术设计类专业『十二五』规划教材

# 建筑速写

靳 浩 胡林辉/主编

JIANZHU SUXIE

中国水利水电出版社
www.waterpub.com.cn

## 内 容 提 要

建筑速写是室内设计、环境设计、园林景观设计、建筑学、工业设计、展示设计、装饰艺术设计等设计类专业的必修课，是一门培养基本能力的课程。本教材进行了系统的建筑速写的理论讲授和表现技法的讲解演示，并附有大量的实际图例，具有一定的专业指导性。教材共6章，内容包括：建筑速写概述，建筑速写的常用工具，建筑速写中的透视要素，建筑速写的基本表现技法，建筑速写的写生要素和建筑速写作品欣赏。

本书可作为高等院校室内设计、环境设计、园林景观设计、建筑学、工业设计、展示设计、装饰艺术设计等设计类专业的教材，也可供相关设计人员和速写爱好者使用。

**图书在版编目（ＣＩＰ）数据**

建筑速写 / 靳浩，胡林辉主编. -- 北京 ： 中国水
利水电出版社，2013.1（2015.1重印）
普通高等教育艺术设计类专业"十二五"规划教材
ISBN 978-7-5084-9899-7

Ⅰ．①建… Ⅱ．①靳… ②胡… Ⅲ．①建筑艺术－速
写技法－高等学校－教材 Ⅳ．①TU204

中国版本图书馆CIP数据核字(2012)第304653号

| | | |
|---|---|---|
| 书　　名 | 普通高等教育艺术设计类专业"十二五"规划教材<br>**建筑速写** | |
| 作　　者 | 靳浩　胡林辉　主编 | |
| 出版发行 | 中国水利水电出版社<br>（北京市海淀区玉渊潭南路1号D座　100038）<br>网址：www.waterpub.com.cn<br>E-mail：sales@waterpub.com.cn<br>电话：（010）68367658（发行部） | |
| 经　　售 | 北京科水图书销售中心（零售）<br>电话：（010）88383994、63202643、68545874<br>全国各地新华书店和相关出版物销售网点 | |
| 排　　版 | 北京时代澄宇科技有限公司 | |
| 印　　刷 | 北京嘉恒彩色印刷有限责任公司 | |
| 规　　格 | 210mm×285mm　16开本　10.5印张　249千字 | |
| 版　　次 | 2013年1月第1版　2015年1月第2次印刷 | |
| 印　　数 | 3001—6000 册 | |
| 定　　价 | **33.00**元 | |

# 前　言

目前，在各艺术院校设计专业的教学与学习中，计算机已是学生们学习设计必不可少的重要工具，正是由于计算机的简便快捷，电子软件制图在设计中的应用越来越多，并带来了精确和虚拟真实，使得许多人满足并且依赖于电子软件的制图效果，从而忽略了自身的修养，降低了设计思维的创新能力。但是，计算机终究是个工具，替代不了设计师的思维。设计师头脑中瞬间出现的各种设计概念需要最方便的工具，在纸上作快捷、简明、达意的勾画，这就是速写的功能，这是一名设计师必须具有的基本能力。

我们通过对建筑内外环境的写生，既可以对建筑物的内部或外部及形态上有所了解，又可认识建筑物结构变化的特点、形式和最终效果，增强对空间的认识。还可以通过写生的方式更多了解光影对空间的影响，同时可直观反映出物体的材质纹理，使之更具有真实感。写生内容越多，表现能力越娴熟，就越容易增加表现效果的范围，在今后的学习和设计中，就会不断产生更加优秀的设计方案。所以说坚持速写能力训练，不光是提高设计师的动手能力，还能提高设计师的思维能力。

本教材主要从基础入手，系统、循序渐进地讲解了建筑速写的基本理论和表现技法，引入了大量直观的优秀图片资料，以帮助学习者尽快地掌握建筑速写的基本技法。

良好的造型基础是任何一位设计师所必须掌握的，速写看似简单，其实不然。设计师的思想观念、认识，甚至设计灵感都包含在线条中，诞生于速写的过程中。像世界十大建筑之一迪仰美术馆的设计师郝尔佐格以及鸟巢的设计师德梅隆等，都非常重视速写。大师的聪明才智洗练而精确地体现在他们的设计速写中。

因此，作为一名设计师需要具有良好的速写能力，我们要把速写作为自己不断认识世界、发现世界、表现世界的工具。

本书第 1 章、第 2 章、第 4 章、第 6 章由山东轻工业学院艺术学院的靳浩老师编写，第 3 章由广东工业大学的胡林辉老师编写，第 5 章由靳浩、胡林辉合写。非常感谢各位朋友、老师和同学们的帮助，感谢广东工业大学提供的优秀作业图片。在这里特别要感谢郑习满老师，不辞辛苦为本书的大量图片拍照。由于我们的编写水平有限，难免会出现一些错误，诚望各位专家、同仁和同学们给予批评指正。

编者

2012 年 6 月

# 目录

前言

第1章　建筑速写概述/1

1.1　建筑速写的基本概念 ················· 2
1.2　建筑速写的任务 ··················· 12

第2章　建筑速写的常用工具/17

2.1　常用笔类工具及其型号类型 ············· 18
2.2　其他工具 ······················ 29

第3章　建筑速写中的透视要素/31

3.1　透视原理 ······················ 32
3.2　一点透视 ······················ 33
3.3　两点透视 ······················ 34
3.4　三点透视 ······················ 36

第4章　建筑速写的基本表现技法/39

4.1　单线勾画的表现技法 ················· 40
4.2　明暗的表现技法 ··················· 48
4.3　其他工具及其结合使用的表现技法 ·········· 56
4.4　配景物的表现技法 ·················· 63
4.5　树的画法 ······················ 70
4.6　建筑物局部的表现技法 ················ 76

第5章　建筑速写的写生要素/89

5.1　建筑速写的构图与取景 ················ 90

5.2 画面效果的把握 ·························· 106

5.3 写生常见问题案例分析 ·················· 111

5.4 建筑速写一般写生步骤演示 ·············· 115

## 第6章 建筑速写作品欣赏/127

6.1 精选写生实例赏析 ······················ 128

6.2 建筑速写优秀作品欣赏 ·················· 131

参考文献/161

Unit 1

第1章　建筑速写概述

# 1.1　建筑速写的基本概念

## 1.1.1　什么是建筑速写

一般来说，速写是一种记录和传达视觉感受和心理表象的绘画手段，也是一种自由发挥、方式多样、题材内容丰富的绘画形式。而建筑速写，则是以建筑内容为主，在短时间内以速写写生的形式完成的绘画作品（图1-1～图1-3）。

图1-1　厅（靳浩）

表现建筑物的速写难度较大，建筑物是按照人体工程学的原理，以人为根本所建的一种结构形态，如房屋、桥梁、道路、花园景观等。所以在对建筑物进行写生时，必须十分熟练而精确地掌握基本的绘画透视学和建筑结构等知识（图1-4～图1-9）。

图1-2 室内景观小品速写（刘刚）

图1-3 韶关（谢奇桂）

图 1-4 室内速写

图 1-5 沙面（陈华贞）

图 1-6　室内速写

图 1-7　周庄写生（靳浩）

图1-8 美式室内效果

图1-9 某小区一角（黄成统）

图1-10 湘西写生（靳浩）

建筑速写主要解决造型问题，目的是培养观察能力，提高造型能力。写生可以适当地夸张某些局部，或者省略无关紧要的细节，比较真实地反应物体的外观、结构；可以强调线条的艺术风格和艺术效果，有较大的自由发挥空间。还可以通过写生的方式来寻找光影的空间变化，更多地了解光影对空间的影响，同时直观反映出物体的材质纹理，使之更具有真实感（图1-10～图1-14）。

图 1-11 安顺云山屯（马海英）

图 1-12 浦东陆家嘴（王树茂）

## 1.1.2 建筑速写与设计

速写在表面上看起来比较简单，但它常常是设计师在构思和设计过程中大量设计意图的小结，是灵感火花的记录，是设计方案的雏形。坚持画速写，可帮助设计师设计构思，推敲形象，比较方案，强化形象思维。设计师的写生表达能力，是衡量设计师构思能力和设计水平高低的重要标准之一，如图 1-15、图 1-16 所示。

图1-13 室内光影效果（张小贞）

图1-14 室内光影效果（佚名）

图1-15 方案设计（李丽）

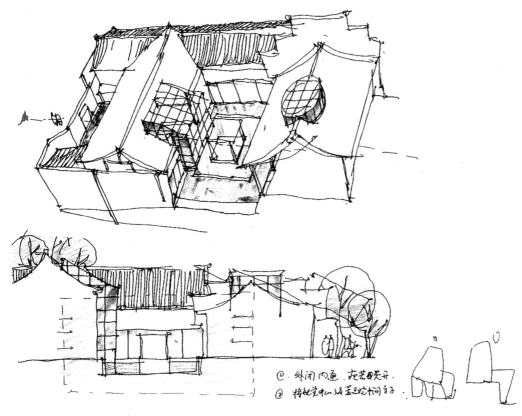

图1-16 方案设计（王琼）

通过写生，可以对建筑物的内部结构和外部形体上的变化进行详细的研究，充分了解建筑结构的变化特点、形式和最终效果，增强对空间的认识。写生内容越丰富，表现能力越娴熟，就会增加表现效果的范围，在今后的学习和设计中也就会有更多的表现设计的原构思，从而不断产生更加优秀的设计方案，而不是单纯依赖计算机机械地去选择表达，如图1-17、图1-18所示。

图1-17 方案设计（黄成统）

图 1-18 方案设计（杨志宏）

随着时代的变革，设计工作相对以往要更加周密、严谨、合理，要求所绘制的设计图也更加准确精细。随之而来的电子软件制图在设计中的应用，使设计更加精确和虚拟真实。

快速表达出客观而清晰的视觉形象来体现设计思考中的各种关系，把最重要的部分（体块、空间、材质等关系）作为重点表现，这就是草图设计。草图是设计者的创意构思，揭示了思维渐进的过程，是从思考到表达的过程，是整体设计的开始，草图设计与电子软件制图两者不可相互替代或一比高下。综合能力较强的设计师，在手绘方面往往有个人的独到之处，通常能直接确定目标从而进行快速准确的命题设计。这种能力就来自于坚持画速写的经验积累，草图的绘制过程实际上是从逻辑思维到形象思维的转化过程。这一过程可能是瞬间的灵感，也可能是一次情绪的激发，这都需要有很好的速写表达能力，如图 1-19 ~ 图 1-22 所示。

图 1-19 草图设计（刘刚）

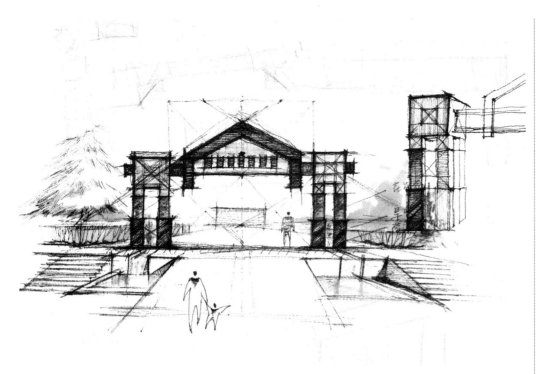

图 1-20 草图设计（刘刚）

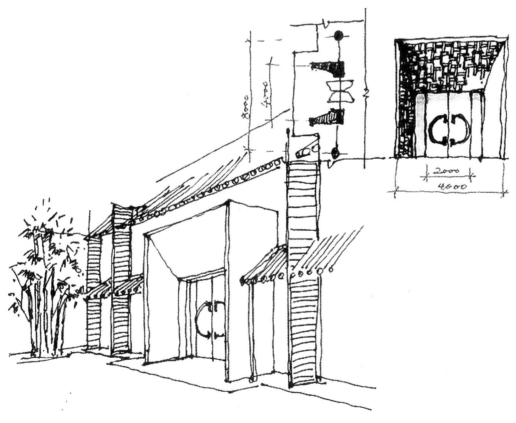

图 1-21 草图设计（王琼）

因此，建筑速写是一门基础性学科，既可使学生或爱好者的动手表达能力得到锻炼，又能使其在更好地提高基础造型能力的同时，也不断升华自己创造性思维的能力，是建筑设计、环境设计、工业设计、展示设计等专业的必修课。

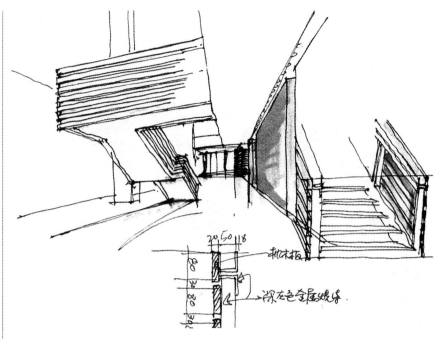

图 1-22　草图设计（王琼）

# 1.2　建筑速写的任务

建筑速写在写生时可分室内和室外两大部分。建筑物内部的室内空间，是建筑物围合而成的较为封闭的空间，在这种空间里有墙面、地面、顶面及陈设物等，建筑速写可进一步形成完整的内部表现效果（图 1-23）。建筑速写的室外写生是对建筑物以外的空间，或者说由若干单体建筑共同构成的包括街道、桥梁、树木等整体环境的写生表现（图 1-24）。

图 1-23　现代建筑大厅速写表现效果

## 1.2.1 建筑速写的室内写生

　　建筑速写的室内写生主要是强调建筑物内部环境整体效果的再现，是对建筑物的内部结构特点、形体材料、色彩以及家具陈设、照明、绿化等诸多方面的综合表现。写生时不但要表现出室内空间的结构关系，还要通过对光影影响下的明暗关系、物体特征、材料质地等方面进行充分的表达，使其在意境上呈现生动感。在表现室内的静态物件、家具等物品的特点时，要通过各种技法表现出人与建筑物内部诸方面的关系因素，利用光影、材质等因素来体现协调整体的写生艺术风格，如图1-25、图1-26所示。

图1-24 欧洲街景（欧内斯特·W.沃特森）

图1-25 室内装饰风格效果

图1-26 起居室（李暾罡）

## 1.2.2 建筑速写的室外写生

　　建筑速写的室外写生主要是对建筑物外部的空间环境，以某个建筑物为主体的场景、建筑群体、交通道路、桥梁设施等室外环境的一种描绘。要重点对建筑物外部造型、辅助构件及周边设施、地理环境等，进行在正确透视关系下的一种再现，研究环境与建筑主体之间的相互关系。建筑速写的室外写生重在体现建筑物本身与环境的融合，体现对自然色彩与建筑物的造型、材质的理解，从而掌握建筑的特点，锻炼表现技法，如图1-27～图1-29所示。

图 1-27 三江民居（黄成统）

图 1-28 欧洲街景（欧内斯特·W.沃特森）

图 1-29 街道（R.S.奥列佛）

## 1.2.3 建筑速写的要点

在进行建筑速写的写生过程中，要善于把握写生的要点，利用不同技法综合表现，以达到一种形式完整、具有统一感且具有灵活表现形式的效果（图 1-30 ~ 图 1-33）。建筑速写的要点有以下几条：

（1）建筑物内外部结构特征的主次关系。

（2）视点位置与透视效果的关系。

（3）画面远近空间层次的结构关系。

（4）光源明暗与体积质感、材料肌理的关系。

（5）室内饰物与室外配景物及树的效果表现。

（6）表现技法的运用与画面效果的把握。

图1-30　江西婺源民居立面图（朱聪聪）

图1-31　欧洲街景（欧内斯特·W.沃特森）

图 1-32　束河古镇（殷易强）

图 1-33　修道院（荷加斯）

# 第2章　建筑速写的常用工具

"工欲善其事，必先利其器"，建筑速写的写生不同于一般的写生练习，它可以凭借各种工具综合来完成，合理正确地运用有关工具，有利于提高学习的效果和效率。不同类型的笔，有不同的用法和效果，可以多作尝试，从中选择一两种较适合自己的多加练习。

# 2.1　常用笔类工具及其型号类型

## 2.1.1　铅笔类

用于建筑速写的铅笔类工具有铅笔、自动铅笔、炭铅笔、速写铅笔、彩色铅笔等（图2-1）。

图 2-1　铅笔、炭铅笔、速写铅笔与美工刀

（1）铅笔：铅笔是我们在绘图中经常使用的工具。对于写生，由于铅笔容易修改，便于掌握，有不可替代的作用。初接触写生训练的学生，首先要学习掌握铅笔的使用。

常用的铅笔笔芯主要是石墨和天然粉墨，加上黏土，黏土的比例决定了铅笔的软硬。其中 HB 型号为中号；6H ~ HB 为硬质铅笔；HB ~ 6B 为软质铅笔。每种硬度的铅笔都有其独特的表现效果，能做粗细、浓淡变化，画面明暗色调柔和，表现力丰富，可做反复修改，并且携带方便。一般来讲，硬质铅笔适于画以线为主的建筑速写，线条工整；软质铅笔适于表现以线和明暗相结合或者光影明暗效果的建筑速写（图2-2 ~ 图2-4）。

（2）自动铅笔：笔芯更换便捷，铅芯从软到硬都有，便于携带，减少了削笔的麻烦。

（3）炭铅笔：画面黑白效果强烈，变化丰富，利用手指或擦笔随意晕染，配合更有层次和表现力，但不宜用橡皮反复修改。如果画大幅画或画大面积的明暗，还可结合木炭条使用，炭铅笔较细，容易刻画细节，木炭条松软可画大面积色块（图2-5 ~ 图2-7）。炭铅笔和木炭条画完后容易抹掉或擦脏，需用定画液固定画面。

图 2-2 铅笔表现效果（马海英）

图 2-3 铅笔表现效果（马海英）

图 2-4　铅笔表现效果（欧内斯特·W.沃特森）

图 2-5　炭铅笔表现效果——皖南写生（鹿宽）

图2-6　炭铅笔表现效果（哈尔伯特·瑞普林）

图2-7　炭铅笔表现效果（威廉姆·沃德）

（4）速写铅笔（也叫木工铅笔）：笔尖呈扁平状，画出的线条有锋利感和力度感，重粗笔触可形成方条状线条，用力不等或变换方向会出现丰富的线条变化，这是一种能产生出独具特色笔痕的工具（图2-8）。

图2-8　速写铅笔表现效果（马海英）

（5）彩色铅笔：又可分为普通彩色铅笔和水溶性彩色铅笔。二者均可分为不同套色的类型，有6色、12色、24色、36色等。普通彩色铅笔（图2-9）用干质色粉制作而成，着色可产生炭铅笔触，纹理明显；水溶性彩色铅笔可沿笔痕用水进行染、渲、涂，接近水彩效果。

## 2.1.2 钢笔类

钢笔类的笔有：普通钢笔、针管笔、美工钢笔、中性笔等（图2-10）。钢笔类的笔尖各不相同，适宜于在较硬的纸上作画，但由于墨水的缘故，一经画到纸上便难以修改，这就要求作画者必须具备一定的造型能力。

图2-9 普通彩色铅笔

（1）普通钢笔：是写生或作图时常用的工具类型，需重点掌握。普通钢笔在市场上种类繁多，可根据自己喜好、习惯选择适合的用笔。普通钢笔的表现效果如图2-11～图2-13所示。

图2-10 钢笔类工具

图2-11 钢笔表现建筑（R.S.奥列佛）

图2-12 钢笔表现自然景观（赵圣龄）

图2-13 钢笔表现室内（黄成统）

（2）针管笔：是建筑与环艺类设计专业的必备工具，品牌众多，可分为多种型号，常见的有：0.1、0.2、0.3、0.5、0.8、1.0等几种，线条工整，可用来画细线、粗线、点等，其表现效果如图2-14～图2-16所示。

图2-14　针管笔表现效果

图2-15　针管笔表现效果（靳浩）

图2-16 针管笔表现效果（林晓）

（3）美工钢笔：笔尖经过特殊处理，借助笔尖的倾斜度可绘制出粗细不同的线条效果，被广泛用于绘画领域，线条尺寸可大可小，灵活而富有变化。但不宜用太薄的纸张，有一定渗透性。美工钢笔的表现效果如图2-17 ～图2-19所示。

（4）中性笔：绘制的线条明晰有力，用笔流畅且不易断线。由于笔尖的缘故，线条的变化较少，但因其品种众多，便于携带，故使用者越来越多。中性笔的表现效果如图2-20、图2-21所示。

图2-17 美工钢笔表现效果

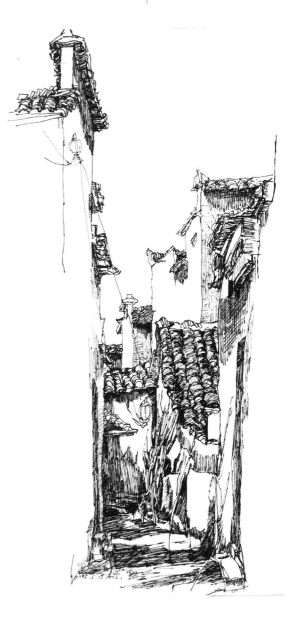

图2-18 美工钢笔表现效果（巩尊珉）

图 2-19 美工钢笔表现效果（靳浩）

图 2-20 中性笔表现效果（王凯）

图 2-21 中性笔表现效果（巩尊珉）

## 2.1.3 其他笔类

（1）马克笔（图 2-22）：可分为油性和水性两种，每种又可分为不同色彩。油性马克笔渗透性强、挥发性强，色彩鲜艳。水性马克笔有淡水彩或透明水色的感觉，与其他笔类特别是钢笔混合使用效果最好。

图 2-22 马克笔

（2）毛笔：包括各种毛质用笔，画速写一般是使用狼毫、衣纹笔等专用来勾线的毛笔（图 2-23）。用中锋、侧锋、逆锋、散锋等笔法进行勾画，追求自然效果的线描，意在使线条似有似无融合于物象之中。每种毛笔都是按笔头的大小来进行型号划分的。毛笔的表现效果如图 2-24 ~ 图 2-27 所示。

图 2-23　勾线类毛笔

图 2-24　毛笔表现效果（王振强）

图 2-25　毛笔表现效果——独峒写生（王雪峰）

图2-26　毛笔表现效果（王振强）

图2-27　毛笔表现效果（张在宇）

# 2.2　其他工具

（1）画纸：一般常使用的纸张多为素描纸、水彩纸、绘图纸、白卡纸、色卡纸等。在纸张的选择上，要根据自己的习惯、需要的效果、表达的对象来确定。因为一般建筑写生在户外的时候比较多，为携带方便，大多使用速写本或速写夹。速写本的大小常用有硬皮包装的16开、8开及小开本的，规格有方形和长方形（图2-28）。

图2-28　速写本

（2）纸笔：用纸卷成结实的笔，把一头或两头削尖成笔尖状，在表现明暗中常做擦抹用，但不能滥用，否则会破坏画面效果。

（3）其他辅助工具：直尺、三角板、橡皮泥、橡皮块、美工刀、墨水、图钉、胶带纸等（图 2-29）。绘画者也可根据自己的喜好，选择尝试不同的新材料、新技法。

图 2-29　其他辅助工具

第3章　建筑速写中的透视要素

# 3.1 透视原理

透视原理是指在平面上再现空间感、立体感的方法及相关的科学知识。"透视"一词源于拉丁文"Perspclre"。最初研究透视是采取通过一块透明的平面去看景物的方法，即将所见景物准确描画在这块平面上，形成该景物的透视图。后来将根据平面画幅上的一定原理，用线条来显示物体的空间位置、轮廓和投影的科学，称为透视学。

我们都知道，掌握透视基本原理是学好建筑速写的前提，只有掌握了透视的基本法则，才能在二维的平面上绘制出三维的效果。由于透视的实用性，本节主要根据实践要求对其中常用的原理重新予以编排。透视图的种类很多，根据灭点的数目主要可以划分为一点透视（平行透视）、两点透视（成角透视）、三点透视（升点透视或降点透视），通常在透视图中常用的名词有（图3-1）：

（1）视点（E）：人眼睛所在的地方，即投影中心。

（2）视平线（H.L）：与人眼等高的一条水平线。

（3）顶点（B.P）：物体的顶端。

（4）站点（G）：观者所站的位置。又称停点。

（5）距点（D）：将视距的长度反映在视平线上心点的左右两边所得的两个点。

（6）余点（V）：在视平线上，除心点距点外，其他的点统称余点。

（7）天点（T）：又称升点，视平线上方消失的点。

（8）地点（U）：又称降点，视平线下方消失的点。

（9）灭点（VP）透视点消失的点。

（10）画面（P.P）画家或设计师用来变现物体的媒介面，一般垂直于地面平行于观者。

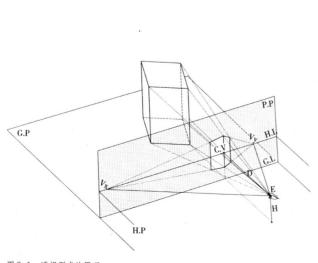
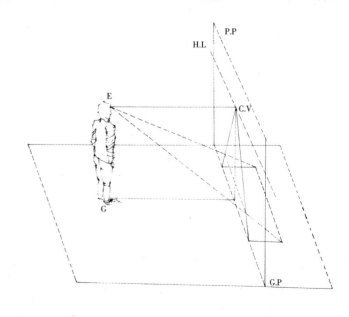

图3-1 透视形成的原理

（11）基面（G.P）景物的放置地平面。一般指地面。

（12）视高（H）从视平线到基面的垂直距离。

# 3.2  一点透视

当物体、空间或建筑的一个主要画面平行于画面，而且其他面垂直于画面，并且只有一个灭点，这个灭点与视平线上的心点重合，这种透视叫做一点透视，也称为平行透视。一点透视适合表现纵深感强、宽广的画面，给人以稳定、庄重、宁静的空间感觉（图3-2、图3-3）。

图3-2  一点透视中垂直线和水平线都由近逐渐变小，直至消失于远处一点

图3-3  一点透视图（陈彩霞）

一点透视的绘制方法如图 3-4 所示。这是一种比较简单的一点透视画法，第一步，按实际比例确定空间的长宽 ABCD 及灭点 VP，连接 VPA、VPB、VPC、VPD 并延长，在视平线 H.L 的延长线上选取一点测点 M，然后利用测点 M 求出室内的进深。第二步，在 M 点分别向 1、2、3、4 画线与 Aa 相交于各点 1'、2'、3'、4' 即为室内空间的进深。第三步，从 1'、2'、3'、4' 引垂直线和水平线交于 VPC、VPB，然后连接 VPC 上的交点作水平线交于 VPD，最后将 VPD 上的交点作垂直线于 VPB（图 3-5）。

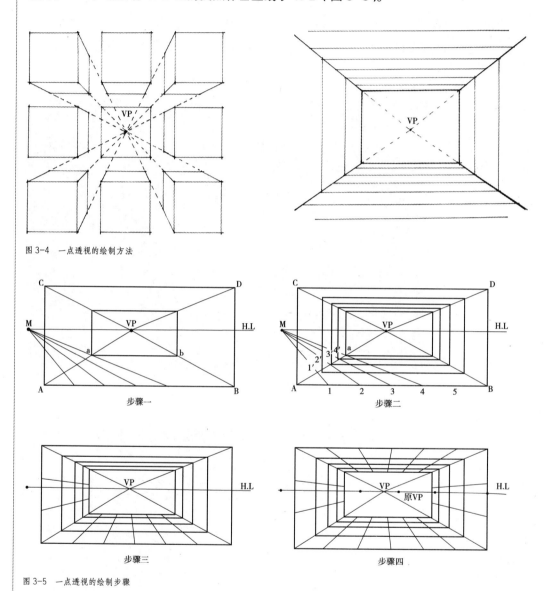

图 3-4　一点透视的绘制方法

步骤一　　　　　　步骤二

步骤三　　　　　　步骤四

图 3-5　一点透视的绘制步骤

# 3.3　两点透视

当物体、空间或建筑的主要画面都与画面成一定的角度，而且其诸线均分别消失于视平线左右两个灭点上，这种透视叫做两点透视，也称成角透视。这种透视表现出来的空间立体感强，能够比较真实地反映空间的立体感，同时表现出来的画面比较自由、活泼（图 3-6）。

两点透视有两个灭点 $V_1$ 和 $V_2$，这两个灭点都位于人的视平线 H.L 上，向左倾斜的线都消失相交于视平线上 $V_1$ 这个点，向右倾斜的线都消失相交于视平线上 $V_2$ 这个点（图 3-7）。两点透视的绘制步骤：第一步，按照比例定出墙高 AB，过 B 点作水平基线

图 3-6　两点透视建筑物产生的近大远小的透视变化，直至消失于左右两个灭点

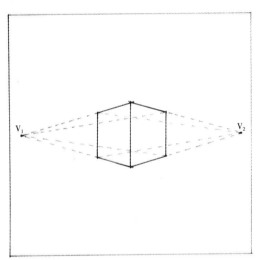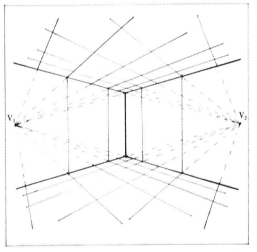

图 3-7　两点透视形成的原理

G.L，确定视平线 H.L 和视高 H（约为 1.5m），在视平线上任意定左右两个消失点 V₁ 和 V₂，由 V 点经过 AB 画出四条墙角线；第二步，以为 V₁V₂ 直径画圆，在半圆上任意定出视点 E 点，过视点 E 点，分别以 V₁ 和 V₂ 为圆心画圆，求出左右两个测点 M₁ 和 M₂；第三步，在水平基线 G.L 上根据 AB 尺寸作等分点，由两个测点分别向等分点引直线与墙角线相交于几点，得出进深点，由进深点分别于两个消失点 V₁ 和 V₂，连接，作出地面的透视线，最后依次作出墙面的垂直线（图 3-8、图 3-9）。

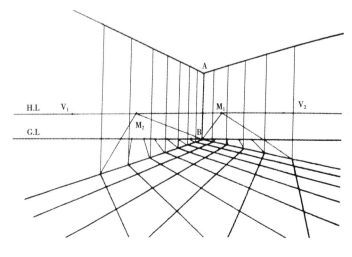

图 3-8　两点透视的绘制方法

图 3-9　两点透视法画出的建筑速写（黄冠州）

# 3.4　三点透视

　　当表现对象倾斜于画面，而且没有一条边与画面平行，其三组线均与画面成一定角度，分别消失于三个灭点上，这种透视称为三点透视。三点透视常用于景观设计手绘图中的鸟瞰图和表现高层建筑手绘效果图的高大雄伟（图 3-10 ~ 图 3-13 ）。

图 3-10　三点透视建筑除了左右两个灭点，垂直线都向天点消失

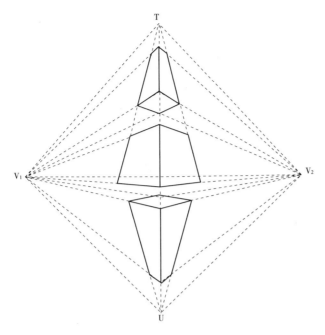

图 3-11 三点透视的形成

图 3-12 三点透视法画出的建筑

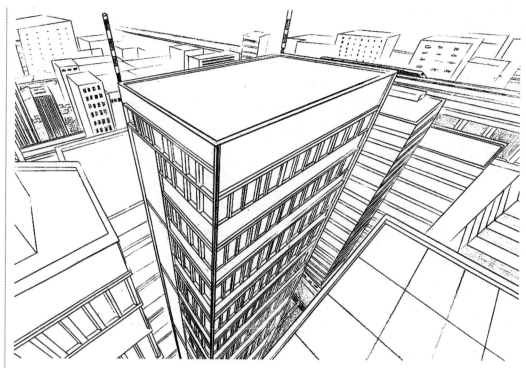

图3-13　三点透视表现设计鸟瞰图

# 第4章　建筑速写的基本表现技法

建筑速写不同于一般写生练习，它主要靠工具的使用方法来体现，表现技法的优与劣将直接影响画面的表现效果。

# 4.1 单线勾画的表现技法

线条是人类无中生有创造出来的多功能的绘画表现手段，是最基本、最简单、最朴素的造型语言，其最基本的功能就是表现物象的轮廓，同时也能表现物象的结构、体积和质感。

所谓单线勾画的表现方法，就是用线描的方式表达物象，直接单纯用线来勾画物象的形体轮廓、内外结构关系和本质特征。通过线的长短、曲直、粗细、虚实、疏密等效果的运用，得到独立的审美价值。在表现物像的亮部时用线要轻细而疏散，画暗部时则相对粗重而多密（图4-1～图4-5）。用线的起笔、收笔要有断有止，有所交代，尤其是表达形体关系与景物层次的关系时，要有疏有密、虚实得当。线条的轻松不代表轻浮，线条的有力不等于沉重死板，如图4-6、图4-7所示。

图 4-1 皖南写生（巩尊珉）

图 4-2 江西婺源（朱聪聪）

图 4-3 贵州平坝写生（马海英）

图 4-4 皖南写生（靳浩）

图 4-5 江西婺源（吴海春）

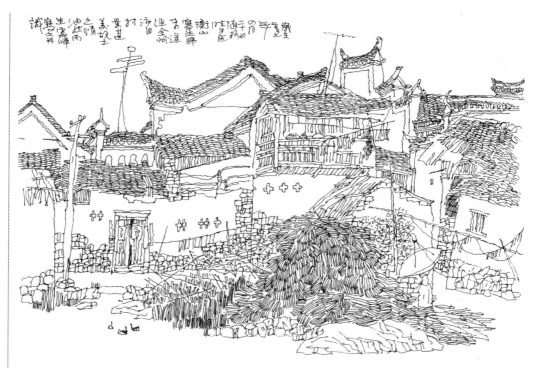

图 4-6　金州沛田写生（王雪峰）

图 4-7　贵州写生（马海英）

## 4.1.1　铅笔类的线条表现特点

铅笔类（包括炭铅笔等）是绘图、写生等表现中最经常使用的一种工具，具有易修改、易表现的特点，勾画出的线条本身就具有轻重虚实的变化，再加上铅笔尖的粗细、软硬不同及笔尖削成的斜面等，足以使铅笔的线条富于变化，如图4-8～图4-11所示。

图4-8　铅笔线表现效果

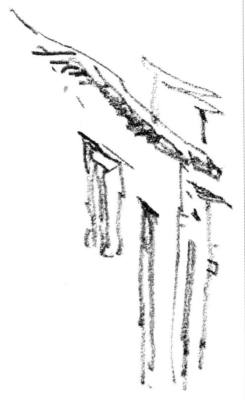

图4-9　铅笔线表现效果　　　　图4-10　铅笔线表现效果

图4-11　铅笔线表现效果（马海英）

## 4.1.2　钢笔类的线条表现特点

　　钢笔类（包括针管笔、中性笔等）善于表现线、面，因此在写生效果中可以以线条来学习其表现技法（图4-12～图4-19）。但钢笔类的工具，在写生中不易修改，所以在下笔前需构思严谨，计划周密（图4-20～图4-25）。

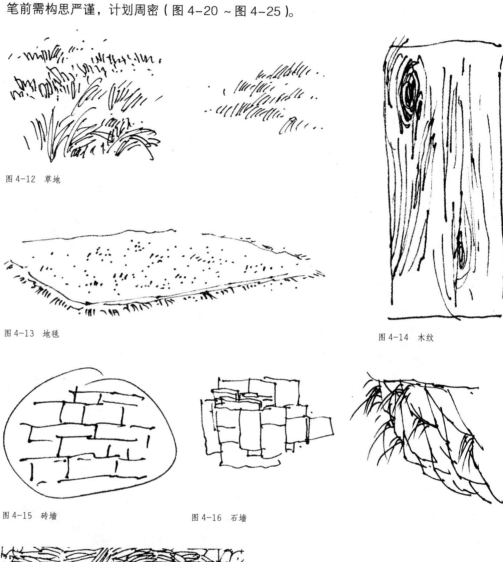

图4-12　草地

图4-13　地毯

图4-14　木纹

图4-15　砖墙　　　　图4-16　石墙

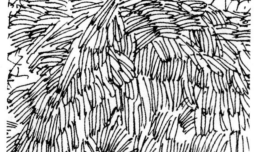

图4-17　草垛

图4-18　石墙

图 4-19　石板路

图 4-20　湘西写生（巩尊珉）

图 4-21　太行写生（赵圣龄）

图 4-22  婺源写生（关飞龙）

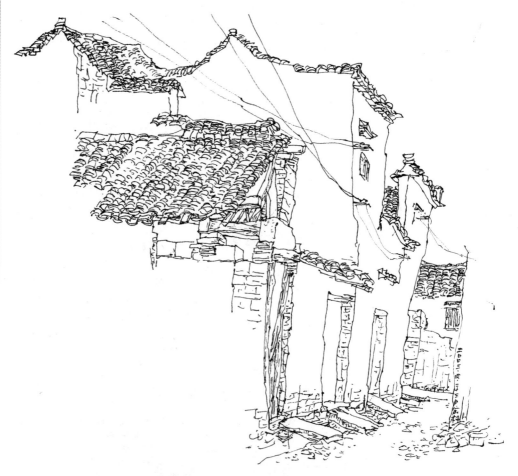

图 4-23  皖南写生（巩尊珉）

图4-24　束河古镇（李锦宁）

图4-25　江西婺源（张浩伦）

# 4.2 明暗的表现技法

所谓明暗不外乎有两种：一种是利用明暗表现光影效果，突出质感和肌理效果（图4-26、图4-27）；另一种就是不强调光影只是借助明暗表现结构和空间（图4-28～图4-31）。

图4-26 燕东园（李绘）

图4-27 住宅（屈小羽）

图 4-28　婺源写生（谭能）

图 4-29　江西婺源（陈洋欣）

图 4-30　婺源写生（鹿宽）

图 4-31 老屋（靳浩）

### 4.2.1 钢笔类的明暗画法

钢笔、针管笔、中性笔等钢笔类工具，主要是以各种线条的排列与组合来产生不同的明暗效果，表现明暗的线条类型常用的有直线、直线交叉、短弧线、弧线交叉等（图 4-32 ~ 图 4-36）。

图 4-32 直线交叉

图 4-33 短弧线交叉

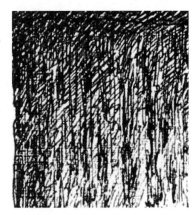

图 4-34 长弧线交叉

图 4-35 钢笔表现效果

图 4-36 钢笔表现效果

由于线条在叠加时方向、曲直、长短、疏密的不同及排列组合的不同，可以在画面上形成深浅不同的色调变化，从而达到表现不同对象的目的（图 4-37 ~ 图 4-44）。

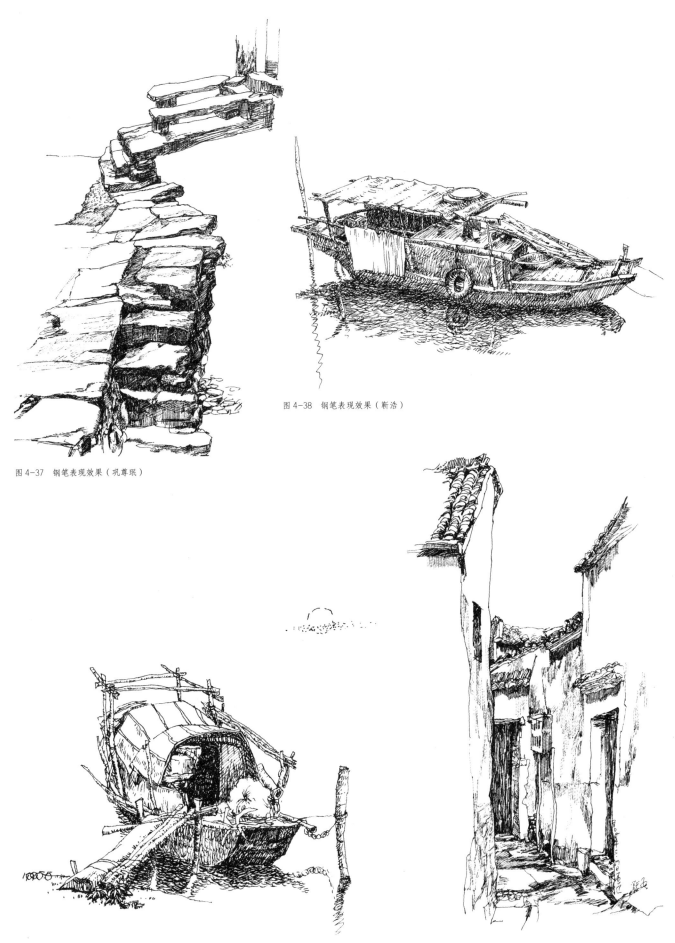

图 4-37　钢笔表现效果（巩尊珉）

图 4-38　钢笔表现效果（靳浩）

图 4-39　钢笔表现效果（靳浩）

图 4-40　皖南写生（巩尊珉）

图 4-41　婺源写生（黄鹏）

图 4-42　江西婺源（朱炜彪）

图 4-43　婺源写生（罗剑玲）

图 4-44　平遥古镇门楼（林忠成）

## 4.2.2　铅笔、炭铅笔类的明暗画法

　　铅笔、炭铅笔类的工具首先可以直接平涂，在不断的重叠中可产生黑、白、灰的明暗关系，使画面呈现朴实、典雅大方的效果（图 4-45 ～图 4-50）。在写生训练中还可以将铅笔、炭铅笔与橡皮结合使用，先用铅笔或炭笔涂上不同深浅的色调，再用橡皮提亮或用削尖的橡皮像画线条一样提亮，画面同样可产生黑、白、灰层次对比，呈现灵活透明的效果（图 4-51 ～图 4-55）。

图 4-45　铅笔明暗效果

图 4-46　废墟（佚名）

图 4-47　燕南园宅院（李劲）

图 4-48　光影效果

图 4-49　光影效果（奥托·埃格斯）

图 4-50　光影效果（欧内斯特·W.沃特森）

图 4-51　橡皮提亮效果

图 4-53　光影效果

图 4-52　橡皮提亮效果

图 4-54　橡皮提亮效果（马海英）

图 4-55　橡皮提亮效果（欧内斯特·W.
沃特森）

# 4.3　其他工具及其结合使用的表现技法

（1）马克笔。一般指水性马克笔，先用马克笔或钢笔类工具勾画好轮廓后，再用水性马克笔涂淡色。马克笔的色彩种类繁多，一般用灰色系列，如灰绿、灰青、橘红等，用时以不破坏轮廓线和结构线为好（图 4-56～图 4-59）。马克笔与其他工具结合使用时效果更佳，像水彩色、彩色铅笔等（图 4-60～图 4-66）。

图 4-56　马克笔表
现效果（刘刚）

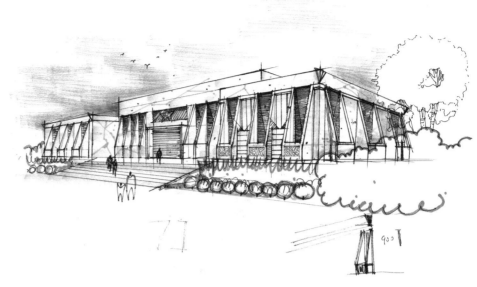

图 4-57　马克笔表现效果（刘刚）

图 4-58　马克笔表现效果（刘刚）

图 4-59　马克笔表现效果（刘刚）

图 4-60　马克笔＋彩色铅笔（R.S. 奥列佛）

图 4-61　马克笔＋水彩色（格瑞·若波茨）

图 4-62 马克笔 + 彩色铅笔（刘灿超）

图 4-63 街巷速写，马克笔 + 水彩色（R.S. 奥列佛）

图 4-64 街巷速写，马克笔 + 水彩色（R.S. 奥列佛）

图4-65 建筑速写，马克笔＋水彩色（R.S.奥列佛）

图4-66 马克笔＋彩色铅笔＋水彩色（刘刚）

（2）有色纸。宜与其他工具结合使用，先用马克笔或钢笔勾画好轮廓线和结构线及少量暗部，再施以色粉笔或彩色铅笔提亮部，保留有色纸的特点（图 4-67 ~ 图 4-71）。

图 4-67　马克笔 + 彩铅 + 有色纸（Micheal E.Doyle）

图 4-68　马克笔 + 有色纸（R.S. 奥列佛）

图 4-69　马克笔 + 色粉笔 + 有色纸（R.S. 奥列佛）

图 4-70　建筑局部写生，有色纸 + 色粉笔（Micheal E.Doyle）

图 4-71 建筑景观速写，有色纸＋色粉笔（Micheal E.Doyle）

另外，钢笔淡彩在建筑写生中也较为常用，如图 4-72 所示。

图 4-72 建筑局部景观速写，钢笔淡彩（狄克·迪）

## 4.4 配景物的表现技法

所谓配景物是指在画面上建筑主体完成后，对画面起补充作用的小型物体及配景人物等。这些物体虽然不是主题物，但却在画面中起到非常重要的作用。因为这些物体相对于主体建筑来说均不是强调部分，但当它在画面重要部分出现时，如果我们很精彩地表现就会起到锦上添花的作用，反之，则会把完整的画面破坏掉。所以配景物体的表现也是非常重要的，配景物体大致分为室内与室外两类（图 4-73 ~ 图 4-75）。

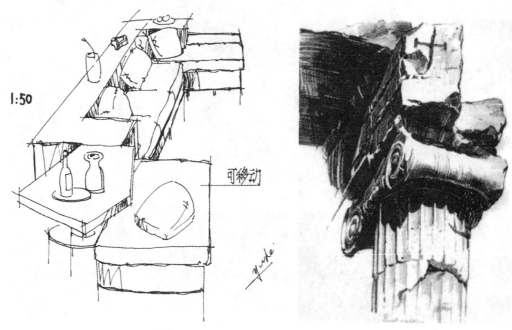

图 4-73　家具（张灿）　　　　　　　　　　　　　　　　　　图 4-74　柱子

图 4-75　建筑局部（王树茂）

## 4.4.1　室内陈设装饰的表现

　　室内陈设装饰配景主要分墙面的装饰、家具及其他装饰物等。在表现室内陈设物时，也可借助光影来体现其质感和肌理效果（图4-76～图4-80）。

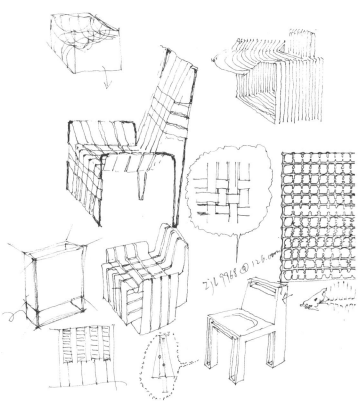

图 4-76　室内陈设表现（刘刚）

图 4-77　室内陈设表现（刘灿超）

图 4-78　室内陈设表现（刘刚）

图 4-79 室内陈设表现（刘刚）

图 4-80 室内陈设光影效果

## 4.4.2 室外配景物的表现

在我们写生过程中最常见的无非是一些石头雕刻物和其他建筑局部装饰物等，如门前的石狮子、石鼓等，还有传统建筑中的檐头、斗拱、砖雕、木雕以及生活常用物，木门、老锁、水车、石碾等这些都是微观的东西，但却是十分重要的部分（图 4-81 ~ 图 4-87）。

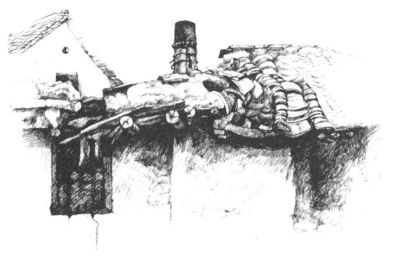

图 4-81 建筑局部

图 4-82 建筑局部

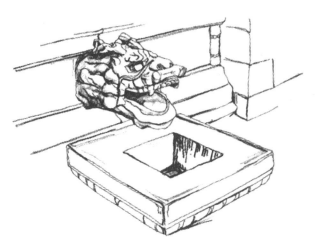

图 4-83 建筑局部

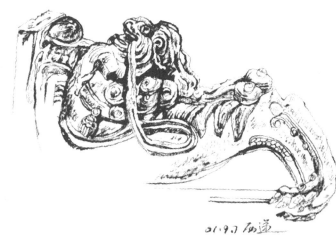

图 4-84 建筑局部

图 4-85 建筑局部（林忠成）

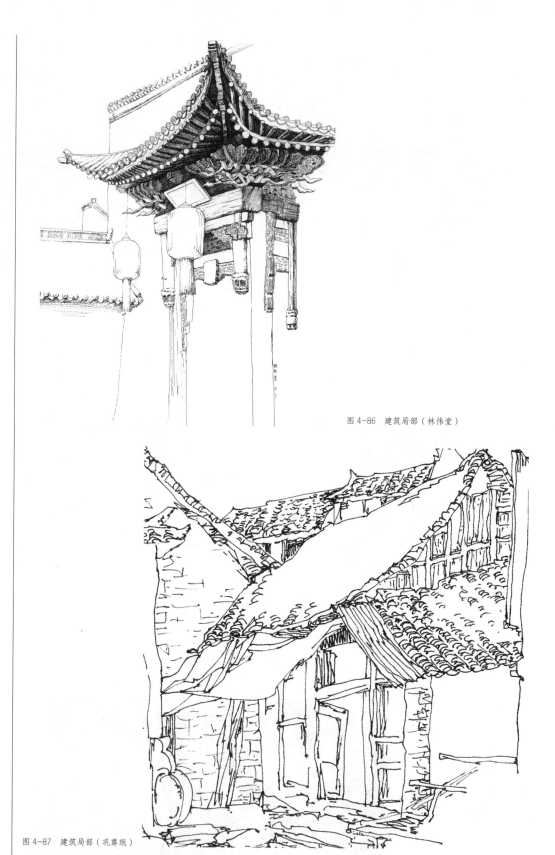

图 4-86 建筑局部（林伟堂）

图 4-87 建筑局部（巩尊珉）

### 4.4.3 配景人物及其他景物的表现

配景人物要画的尽量简单，可以从呈长方形的躯干部分画起，把姿态不同的胳膊、腿、头放到躯干形体上，再添加上衣物和附属物，人物特征就形成了（图 4-88、图 4-89 ）。其他景物是指与人的生活有关的景物像交通工具等（图 4-90、图 4-91 ）。

图 4-88 点景人物的表现（R.S.奥列佛）

图 4-89 配景人物的表现（丹尼尔）

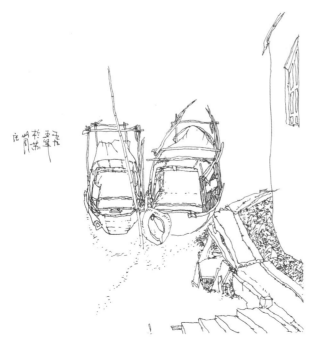

图 4-90 周庄写生（靳浩）

图 4-91 配景物的表现（R.S.奥列佛）

## 4.5 树的画法

树木尽管是配景，然而，它在画建筑速写时却是不可缺少的重要内容，能协调画面各方面的关系，增加层次、扩展空间，丰富画面效果（图 4-92～图 4-96）。

图 4-92 树的表现（鹿宽）

图 4-93 婺源写生（杨顺意）

图 4-94 树的表现（王树茂）

图 4-95 南湖（靳浩）

图 4-96　婺源写生（黄鹏）

树的种类繁多，多姿多彩，形态万千。树木在大体结构方面都有其共同特点，它们主要是由树干、树枝、树叶及树根组成，枝干是以主树干为中心，下粗上细，向周围空间伸展。所以画树干要注意"树分四枝"，注意枝干的前后左右关系、不同种类树木的特征以及它们各部分之间的结构关系（图 4-97、图 4-98）。

画树的主干可从中间部分，往上下两个方向画，也可从下往上画。近距离内画树枝，树枝形状显著，树叶色块透空，要时刻注意树的轮廓大形，这样不管你的画中涉及多少细部，树的特征都能保留并简化（图 4-99 ~ 图 4-101）。树干的表现基本上有两种效果，一是树干露白周围色重；二是直接画黑色的树干（图 4-102 ~ 图 4-106）。

画树叶不能平均对待，要有主次、疏密和前后层次，应顺着树干的动势体现出树的形态。树叶的画法分双钩和平涂，双钩画法先从最前面或近处的叶子开始画起，分组进行，逐渐添加后面或远处的叶子使之连成片（图 4-107 ~ 图 4-110）。平涂画法则经常表现明暗光影下的

图 4-97　平遥古镇（马小奇）

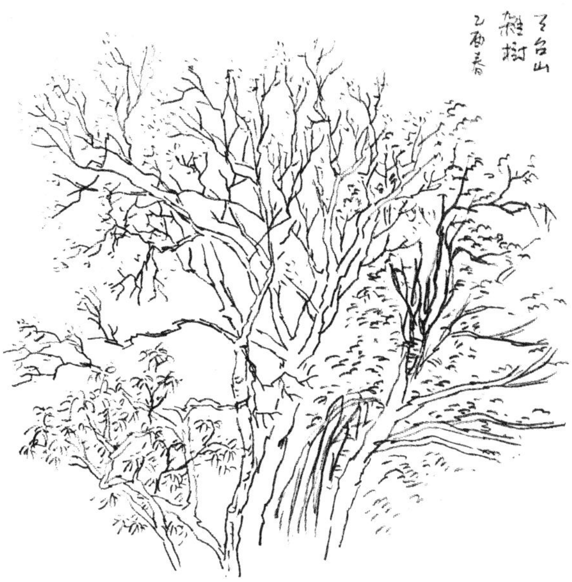

图 4-98 树的表现（马海英）

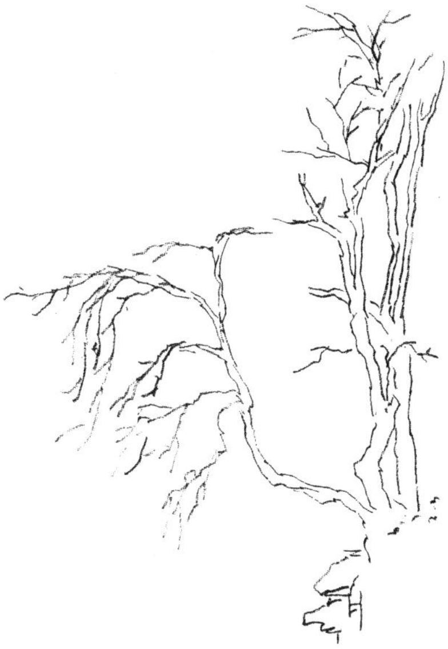

图 4-99 树的表现（马海英）

图 4-100 树的表现（马海英）

图 4-101 树的表现（鹿宽）

图 4-102 树的表现（刘波）

图 4-103 树的表现（戴钰）

图 4-104 树的表现（西奥多·考斯基）

图 4-105 树的表现（鹿宽）

图 4-106 树的表现（西奥多·考斯基）

图 4-107 树叶双钩画法

图 4-108 树叶双钩画法

图 4-109 树叶双钩画法（倪怀彩）

树，以及成片的树林和远处的小树，画的时候应注意树的前后关系、画面层次及树木的外形特征，用几何形来概括分析树的形状是比较容易掌握的方法（图 4-111 ~ 图 4-115）。

图 4-111 树叶平涂画法

图 4-110 树叶双钩画法（王树茂）

图 4-112 树叶平涂画法

图 4-113　橡树（考茨基）　　　　　　　　　　　　　　图 4-114　树的表现（刘凤兰）

图 4-115　树的表现（西奥多·考斯基）

# 4.6　建筑物局部的表现技法

## 4.6.1　建筑速写中砖墙、石墙和木墙的特点及表现

（1）砖墙的表现。砖墙有新旧之分，有砖石混合砌筑，还有砖墙上摸灰泥的。画砖墙时，如用明暗表现，先把砖墙大体明暗关系明确，在运笔时要按砖墙结构横向用笔，在需要时可适当留几处空白，以显示出砖墙的效果。如果用勾线表现，重点放在表现墙的结构体积上，砖的质感略加体现就可，不要过分强调一排排的长线砖缝，容易破坏整体，最后把墙面上的洞眼略加表现以加强墙面的对比关系（图 4-116 ～图 4-121）。

图 4-116 山西梁村 ( 张剑雄 )

图 4-117 平遥古城 ( 郑桂海 )

图 4-118 梁村 ( 马小奇 )

图 4-119  平遥古城（郑桂海）

图 4-120  墙的表现

图 4-121  墙的表现（路易斯.斯格德摩尔）

（2）石墙的表现。石墙的特征大体可分为：一是用形状相同的长方形石块砌筑的石墙，石墙较平整规则；二是石块的大小不一、形态不一，根据石头的形状砌筑的石墙。石墙的砌筑形式，大多是依石而筑。一般最大的石块放在墙角使墙体坚实牢固，中间大小石块搭配，大小石块巧妙的搭配错落有致。用勾线表现石墙时，需注意大小石块搭配要符合石块的砌筑结构与透视关系，石块的线条不能破坏墙体的整体效果（图 4-122 ~图 4-124）。

图 4-122 湘西写生（靳浩）

图 4-123 墙的表现

图 4-124　墙的表现（陈春）

　　在用明暗调子表达石墙时，首先要弄清石墙的墙体特点——石块大小，而后用交叉线、横线、竖线涂画出石墙的大体明暗关系，在线与线之间留些不规则的空点和空隙，以表现石墙的粗糙肌理效果，并有选择地勾画出石块投影。要避免过于追求单块石头的体积使画面过于琐碎，失去整体，对于石墙的画法可参考砖墙的画法去做（图 4-125 ~ 图 4-127 ）。

　　（3）木质墙的表现。木质结构建筑，在我国江南和少数民族地区的民居中极为普遍。作为传统木结构居民建筑有其独特的风格特点，墙体、门窗、梁柱大都用天然的木材建成。

　　在画木墙时要按木墙木板的结构用笔，画大关系时要注意板与板之间的留白和板材的明暗变化。由于木材木质变形的特点要画好缝隙和板子的厚度，来增强木板墙的体积感和结构特点。整个墙体要统一并注意墙体色调的渐变关系、张弛手法，在竖向立板过重过多的情况下，横向的木板穿带是解决画面呆板的最好手法，横向长板的受光面明显突出可起

图 4-125　墙的表现

图 4-126 束河古镇（林晓）

图 4-127 阶（郭庆烨）

到活跃画面的作用。表现木质墙，可根据需要有目的有选择地按自然形状加以深色点或线的装饰，以表现出自然的痕迹。但切不可喧宾夺主，破坏大关系，要体现出纯朴、自然的生活画面（图 4-128 ～图 4-130）。

图 4-128 广西三江（黎子维）

图 4-129 江西婺源（梁栩馨）

图 4-130 湘西写生（靳浩）

## 4.6.2　门窗与屋顶的表现

　　门窗由于建筑的风格、年代、地域的不同而千差万别，其造型与风格是建筑写生的重要组成部分。但无论它属性如何，门窗都是建筑中不可或缺的。由于门窗在建筑墙体上都是开洞的结构，门窗是整个墙体上较暗的部分。所以在写生的过程中，一般是靠门窗的重色调来调整墙面的呆板（图4-131、图4-132）。

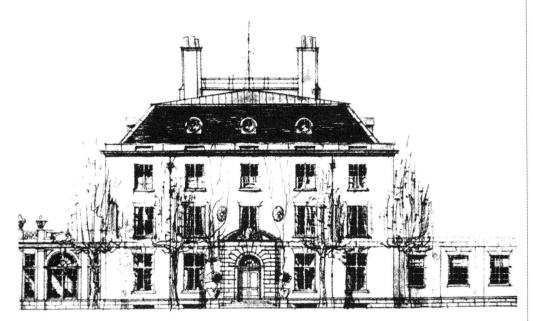

图4-131　门窗的表现

图4-132　门窗的表现

门窗在阳光的作用下，檐口部位都有较暗的投影，投影的大小强弱要凭借光线的明暗和角度而定。在画檐口暗部时，墙面与门窗口部分加强对比的同时，要注意内部有反光，所以不能画成死黑一片，要做到重而透气。由于门窗内口受光角度不同，每个面的明暗程度也不尽一样，要注意各方面的区别（图4-133、图4-134）。

图4-133 门窗的表现

图4-134 门窗的表现

［江西婺源大理坑小姐楼花窗］

图4-135 窗格（罗剑玲）

中国传统建筑的木质门窗，多为各种复杂的花格结构的格栅，表现时要对窗格的结构进行刻画（图4-135～图4-137）。

屋顶是建筑的一个重要组成部分，与墙体同样重要。屋顶的结构有平与坡之分，除了平顶之外，大部分屋顶是用瓦片组成。我们在表现屋顶时，要根据墙面的明暗和画面大关系的需要，来决定屋顶是画成亮的还是画成暗的。画屋顶时切忌把所有的瓦片一一画出，避免呆板、僵死，失去生动效果。要有选择有重点的，用浓淡虚实相兼的笔触，按照透视关系表现瓦片（图4-138～图4-141）。

图 4-136 丽江古城（肖泽强）

图 4-137 祠堂（王大鹏）

图 4-138 村落（马海英）

图 4-139 屋顶的表现（佛罗伊德·尤维尔）

图 4-140　湘西写生（靳浩）

图 4-141　屋顶的表现（罗伯特·琼斯）

图 4-142　邓家寨写生（马海英）

图 4-143　皖南写生（巩尊珉）

Unit 5

第5章 建筑速写的写生要素

# 5.1　建筑速写的构图与取景

## 5.1.1　构图

写生的首要问题就是构图。把自然的、美好的事物，借助一定的表现手法，落实到两维平面的画面上时，必须进一步整理、加工、组织，构图就是这一过程的具体体现（图5-1～图5-3）。

图5-1　构图取景（奥托·埃格斯）

图5-2　独峒写生（黄格胜）

写生时，为了表现一定的思想、意境和情感，运用审美的原则，合理安排和处理所要表现的主体形象特征、主次关系、大小比例、远近层次等在画面中的位置关系，将大量的和个别零散的形象进行选择取舍，并加以主观上的强弱与虚实的处理，有主次的突出效果展现，这就是构图的基本法则。

构图的首要任务是立意。当我们面对景物时，这部分景物引起了你的兴趣，其中有一部分是最让你激动的，这就是我们在构图时将要做的一系列事情之一，即发现主题，并且围绕这个主题展开组织题材、明确主体、构建形式、清晰表达等一系列的工作。

　　其次，就是取舍。取舍的意义在于分辨主次，使画面景物的安排既符合自然规律，又具有真实的美感。对不利于主体表现的部分进行裁剪、舍弃；对于有利于画面的部分，则可以适当夸张其态势及大小比例，甚至移位、替换等。只要能做到充分表达作者的主观意图，达到画面生动即可。

　　同一个主体内容，由于立意的不同，或者工具材料和技法的不同，也会出现不同的构图形式。我们可以选择最佳的构图形式和表现技法来进行写生，如图5-4～图5-9所示。

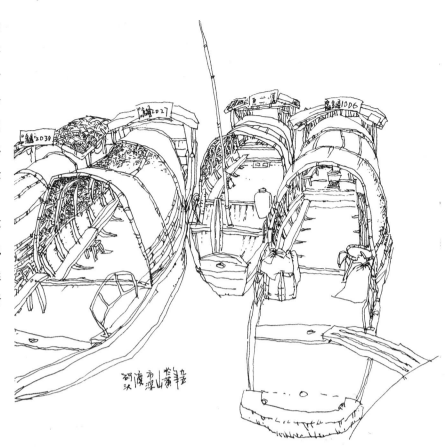

图5-3　周庄写生（靳浩）

图5-4　婺源写生（卢炯挺）

图5-5　构图取景（尤金·小肯尼迪）

图 5-6 平遥古镇（王树茂）

图 5-7 湘西写生（靳浩）

图 5-8 梁村（王树茂）

图 5-9 皖南写生（巩尊珉）

## 5.1.2 取景

　　取景即是构图，取景也包含着取舍。取景就是取与构图有关的主体、精华，突出主次关系，舍弃次要的，及影响画面层次的部分。相同的景物用不同的取景方式，可获得不同的构图效果，如图5-10～图5-12所示。

　　两点透视由于消失现象的变化而使画面变得丰富，在写生中被广泛使用。我们在取景构图时，必须要考虑到透视关系，写生者视点位置的高低变化和视角的选择对构图有着明显的影响。

图5-10　构图的取与舍

图5-11　构图的取与舍

图 5-12 构图的取与舍（刘刚）

　　在取景构图时，要根据画面表现效果的需要选择视点的位置，靠左或靠右，或远或近。离主体物距离较近时，视角大、消失点相距过近，使得透视变化强烈，容易使图像变形。所以要选择合理的视角进行写生，一般在 30°～ 40° 较为合适，当然有特殊需要时例外（图 5-13 ~ 图 5-19）。

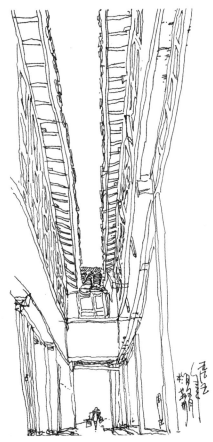

图 5-13 周庄写生（靳浩）

图 5-14 低视点的表现

图 5-15 高视点的表现

图 5-16 婺源写生（杨顺意）

图 5-17　太行写生（赵圣龄）

图 5-18　广西三江（张在宇）

图 5-19　广西三江（黎子维）

（1）一般透视。一般透视也就是平视，视点不低于或高于建筑物的透视，一般可按人眼的高度（1.6m左右）来选择（图5-20～图5-22）。

图5-20　平视的表现（海德·布兰德）

图5-21　平视的表现（王树茂）

（2）仰视。视点低于建筑物时形成的透视，被称为仰视图。降低视平线的构图，是为了增加所要表现的主体物的高大威严之感（图5-23～图5-27）。

图5-22 湘西写生（靳浩）

图5-23 仰视的表现（西奥多·考斯基）

图5-24 仰视的表现（刘波）

图 5-25　仰视的表现（董雨）

图 5-26　江西婺源（关飞龙）

图 5-27　仰视的表现（高建）

（3）俯视与鸟瞰。视点高于建筑物时形成的透视，即视点位置较高看近处形成居高临下的感觉，称为俯视图（图5-28、图5-29）。视平线的抬高，可使地面在透视图中显得比较开阔，能更好地体现地面上物体的位置变化和画面的层次感（图5-30 ～ 图5-33）。如果视点位置从高处近似垂直往下俯视，就称为鸟瞰图了（图5-34、图5-35）。建筑设计图中的平面图就是鸟瞰垂视并加以注解的横剖面图（图5-36、图5-37）。

图5-28 俯视的表现

图5-29 俯视的表现

图 5-30　贵州写生（马海英）

图 5-31　高视点的表现（杨纪允）

图 5-32　高视点的表现

图 5-33　高视点的表现

图 5-34　鸟瞰的表现

图 5-35 鸟瞰的表现

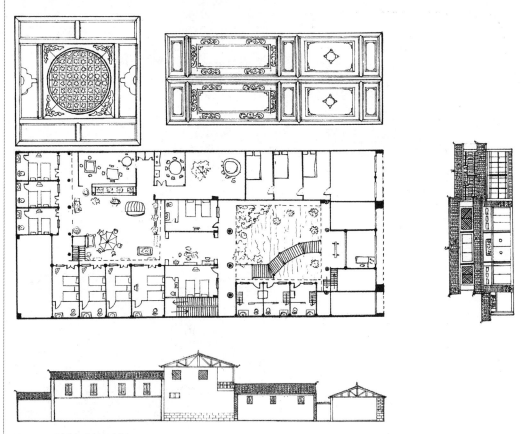

图 5-36 测绘练习（何吉利等）

　　初学者在写生时，面对所要表现的美景内容，多是感觉杂乱无章无从下手，其次就是不敢舍弃，见什么画什么。为了提高构图的组织能力，我们可以在速写本上多进行一些小的取景构图练习（大约 5cm×10cm），可以选择有针对性的题材进行。如单体建筑物或建筑群、街道、河流、树木等，也可选同一题材进行不同视角、不同视高的多种构图练习（图 5-38～图 5-44）。

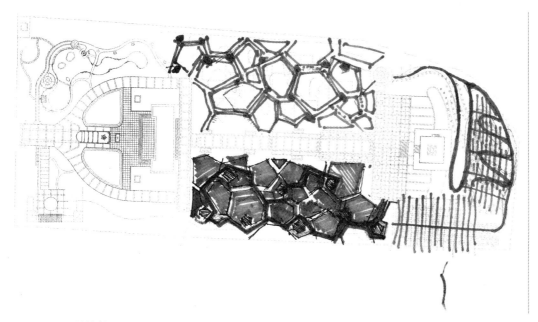

图 5-37 平面图（刘刚）

图 5-38 取景构图

图 5-39 取景构图

图 5-40 取景构图

图 5-41 取景构图

图 5-42 取景构图

图 5-43 取景构图

图 5-44 取景构图

# 5.2 画面效果的把握

如何处理好一幅画的主次关系，这是初学者不容易解决的问题。因为一幅好的写生作品首先要解决的就是主题问题。我们除了要在构图安排上解决这个问题外，还应当通过画面的处理来达到这一目的。

首先，根据画面的层次关系，我们大概分近、中、远三个层次，一般把所要表达的主题性内容，放在画面的黄金分割处即中间层次上。所以当我们对这一层次中的景物进行表现时，就应该用最精彩的技法，集中在这一主体物上以加强表现力度，或用最亮和最暗的调子形成较强的明暗对比，突出这一主体景物（图5-45～图5-47）。当然，个别的构图因有其独特性，需另当别论（图5-48、图5-49）。

图5-45　小河边

图5-46　皖南写生（吕晓晨）

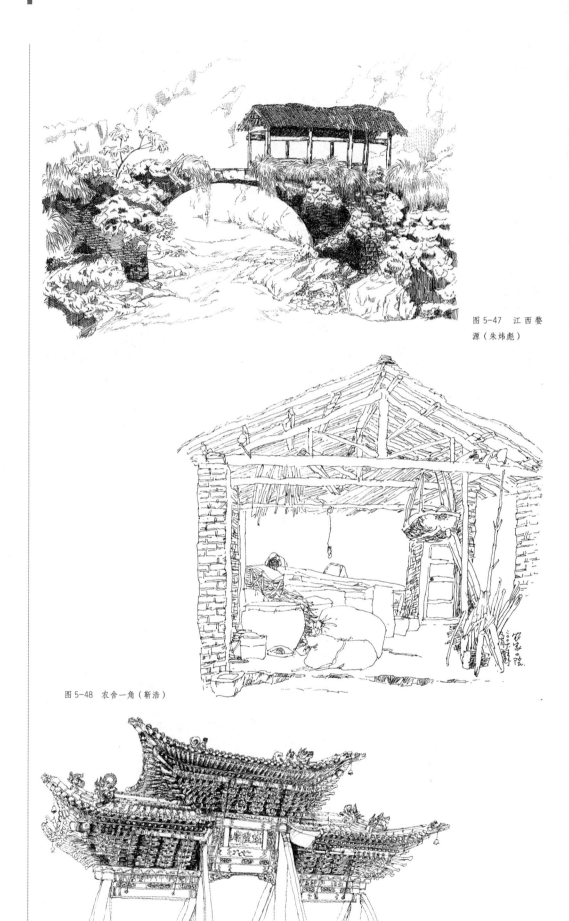

图 5-47 江西婺
源（朱炜彪）

图 5-48 农舍一角（靳浩）

图 5-49 城隍庙（王树茂）

其次，要注意虚与实的层次对比对画面产生的美感，虚实层次关系是指物体远近空间的相互关系。也就是以主体景物为焦点，展开画面的构图布局，对周围的物体做空白或相应的弱化与虚化处理，减弱它们之间的对比关系，根据景物近大远小的透视规律，近实远虚、近强远弱的空气透视原则，使画面景物渐渐远去。这样就突出了画面中的主体物，较好地起到了拉近与推远空间的作用，使画面空间又添变化，达到了层次分明、突出主题，完美画面节奏感的效果。在这个过程中，同时还要学会运用动与静、曲与直、大与小、藏与露、开与合、聚与散等对比协调的手法和节奏、韵律等形式美法则。正如中国古语说的"散整相间，疏密相济，横直相破，粗细相调，浓淡相宜"等（图5-50～图5-52）。

图 5-50　青岩古镇（马海英）

图 5-51　水乡写生（王雪峰）

图 5-52　皖南写生（董雨）

　　再次，因大部分速写都是用黑色来表现的，就要注意画面的黑白灰的对比关系。由于黑白灰的重复、交替、呼应等关系的对比与谐调，使画面上产生了节奏与韵律感（图 5-53）。如果缺乏这种节奏感，就会使画面产生灰暗、单调、杂乱的感觉。

图 5-53　黑白灰关系的分布（格瑞·帕特松）

　　在写生过程中，还要注意表现手法的一致性和统一性。一致性是指画面的黑白灰关系是以"线"，还是以"面"，或以综合的形式来体现。统一性则是指画面是以粗犷手法还是以细腻手法来处理。上述法则与技巧的合理运用，会使画面显得更加丰富、生动和富有情趣（图5-54～图5-56）。

画面效果的处理，是我们对建筑写生中各种基础因素与艺术修养的综合应用，也是写生者主观处理画面能力的具体体现。因此，这种能力，必须通过长期坚持不断地努力与实践去获得。

图5-55 水乡写生（王雪峰）

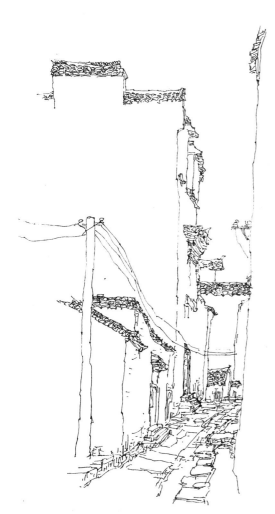

图5-54 皖南写生（巩尊珉）

图5-56 村口（周淑艳）

## 5.3 写生常见问题案例分析

初学者在写生当中存在各种各样的问题，但总结一下，下面这三个问题比较紧迫：构图取景、透视和画面效果的处理。

### 5.3.1 构图取景问题

**案例一：**

图5-57显示取景有问题，画中①所指的两面墙使整幅画面太平板，主题不明，没有层次感。②箭头所指两点应该放平，间隔也不应该平均对待，现在画成倾斜造成地面竖起，透视不对。

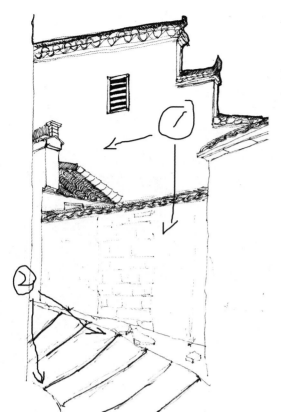

图 5-57　构图取景

**案例二：**

图 5-58 的构图没安排好，①房子距离太近，造成河面与前面河岸的面积不够，影响了画面空间。②远景没有画出层次。③桥与前面的地面没有拉开距离。

图 5-58　构图取景

图 5-59　构图取景

**案例三：**

图 5-59 的构图安排也出了问题，①房子前面的地面面积太小，地面上的景物表达不充分，造成了画面前后空间感不强。②主体物房子画得太大，位置应该再远些、小一些，两排房子也没能画出前后层次。

## 5.3.2　透视问题

**案例一：**

写生中透视关系的首要的问题就是确认视平线的高低位置。图 5-60 中①箭头所指的地方虽然不是视平线的位置，但把地面抬得过高了，使得房子明显变矮变形。②墙面上的窗子画得太大，位置也稍低了点。

**案例二：**

图 5-61 中①显示往远处去的地面抬得太高，透视不准造成了地面的倾斜，地面上的石板也刻画得过头了。②此处的电线杆应该去掉。

**案例三：**

图 5-62 中①地面明显过高，透视错误，显得房子矮小。②虚线显示的地方，表明地面落到此位置较合适。

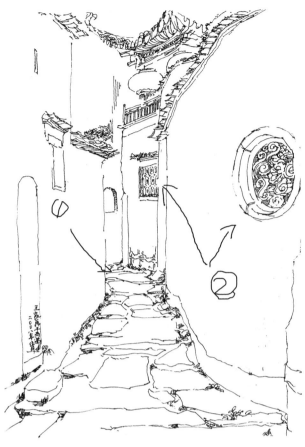

图 5-60 透视

图 5-61 透视

## 5.3.3 画面效果的处理问题

**案例一：**

图 5-63 从整体上画面看不是很丰富，略显单薄平淡。①此处显示画面的层次不够，需要补充远景。②墙面的细节和肌理效果还需要刻画，墙面与地面的区别也不够。③此处用了明暗光影的画法，与画面上的整体技法运用不协调，应该以勾线为主，水沟的边线画的也太生硬。

**案例二：**

图 5-64 画面显示前面的物体刻画得不够深入，影响了前后空间效果。①远处的门口里面画的东西太多，堵了，应

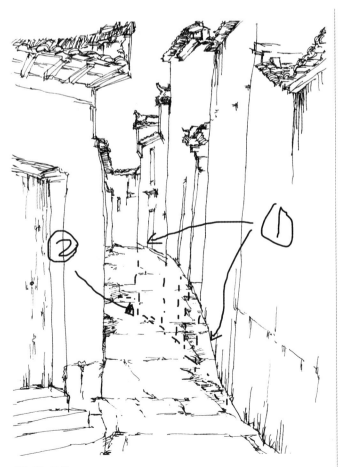

图 5-62 透视

图 5-63　画面效果的处理

图 5-64　画面效果的处理

用单线简单勾画。②右边前景画的不够，一是前面景物组织安排不当，景物的体积太小，面积占据不够；二是画的次序有问题。应该先画前面的景物，然后再根据前面景物表现的程度添加后面的房门。

案例三：

图 5-65 画面显得空洞、单调，①显示占据画面大部分面积的墙面没有很好的刻画，主次不明显，地面效果喧宾夺主。②为了突出房子的高大，此画的视平线较低，但房檐的透视不准，房檐应向下强烈倾斜才对，如图 5-66 所示。

图 5-65 画面效果的处理

图 5-66 皖南写生（巩尊珉）

# 5.4 建筑速写一般写生步骤演示

建筑速写的写生，其实是没有什么特定的步骤，只是在学习阶段可以遵循一些由简到繁、由易到难的一般写生规律。如用钢笔类工具写生，因不易修改，一般刚开始练习时都需用铅笔定一下稿，画画熟练了就可以用钢笔直接表现。构图安排和主体物的定位，主要靠比较判断各部分面积的大小和透视关系来定位，可用笔在画面上做点标记，用眼睛整体观察比较，随时进行调整。其实，久而久之每个人都会在写生练习中，逐渐养成个人的一些作画习惯。这里所展示的只是一般的写生方式步骤。

## 5.4.1 建筑速写步骤演示例一

本例是以云南大理繁华街景（图 5-67）为主题的建筑速写。

材料工具：钢笔、针管笔、绘图纸。

**步骤一：**

"取景构图"。这是一幅以繁华街道为主题的建筑速写，取景时首先确定是要表现右边的街道，就往左靠近，使右边的街景为主面积大。如果要画左边的街景，写生位置就要往右靠，一般不要在中间的位置，避免画面有左右对称的感觉。在写生时，先把视平线位置

图 5-67　大理街景实景

确定，把房子、天空和地面的比例、面积大致做个交代。这个过程就是打腹稿，可以用钢
笔点几个点做标记，也可以用铅笔在画面上轻轻定一下位置。但一定不要用铅笔画出详细
的轮廓再用钢笔描一遍，那样的话还不如直接用铅笔画完。先画出景物中处于中心位置最
高的树，接着表现树周围的房子。因为用钢笔类工具作画，不好修改，所以每画一部分都
要顾及整体，随画随比较（图 5-68）。

图 5-68　步骤一

**步骤二：**

在画房子时要相互比较关照，注意前后透视关系，用线条的疏密来表现出墙面的不同
方向，前面的房子要适当预留出空间，有待于后面处理（图 5-69）。

图 5-69 步骤二

**步骤三：**

根据右边房屋和地面的透视关系，画出左边的街道，先画最前面的，后面远景添加即可（图 5-70）。

图 5-70 步骤三

**步骤四：**

进一步丰富地面的变化，加强画面的空间感，对右边街景作深入刻画，并利用线的疏密对画面做一些调整（图5-71）。

图5-71 步骤四 大理街景速写（胡林辉）

图5-72 庭院深深实景

## 5.4.2 建筑速写步骤演示例二

本例是以庭院景观（图5-72）中的内容为主题的速写。

材料工具：美工钢笔、有底纹浅色卡纸。

**步骤一：**

这是一幅以树为主题的写生，这种题材的写生难免要画大面积的树叶，画前要想好用什么方法表现树叶。为使树木显得高大，选择了低视位。先用简单的线条，画出占据画面主要位置的树木的大形、动势，对树木的动势要适当进行夸张，并选择与动势有关的枝干进行穿插，画出部分树叶。同时在安排构图时对地面的景物进行了选取、舍弃，并大概地确定一下地面的透视标记"石条"的位置及比例（图5-73）。

图 5-73　步骤一

**步骤二：**

　　根据画面的需要添加树叶并注意疏密关系，树叶的画法采用了双钩，先画出主要部位的几组，再进行连接成片，连接时要注意画出树木的外形。继续画出地面的远近关系，要注意石块与树木之间的空间距离，根据构图的需要，对石条和后面的树木进行了取舍处理（图5-74）。

图 5-74　步骤二

**步骤三：**

根据画面的层次安排，画出后面建筑物的柱子和大概结构，注意先后次序，先画前面的物体如石狮子等，使其形成对后面物体的遮挡，以增加层次空间感。继续完善地面的远近关系，画出树木裸露的根部（图5-75）。

图5-75 步骤三

**步骤四：**

最后刻画远处的门窗，进一步利用疏密对比加强空间感。对前面的主要树干、地面、石墩等，再进一步进行深入刻画和整体调整，以增强体积感和质感，追求画面的和谐统一（图5-76）。

图5-76 步骤四 庭院深深速写
（靳浩）

## 5.4.3　建筑速写步骤演示例三

本例是以水乡建筑景观（图5-77）为主题的速写。

图5-77　乌镇小桥实景

材料工具：钢笔、针管笔、绘图纸。

**步骤一：**

构图取景，由于画面的视觉中心是桥，就先把桥在画面上的位置，以及周围的房子、树木、河面和天空的比例确定一下。视角选择稍靠左边的位置，桥的前方要注意预留空间（图5-78）。

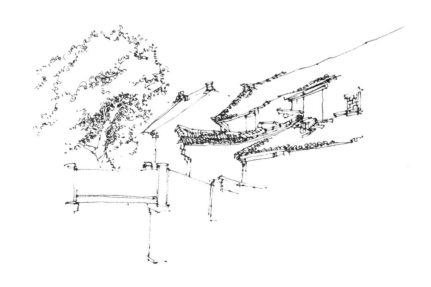

图5-78　步骤一

**步骤二：**

根据桥的大小比例、远近位置，画出桥右边的房子及其与河床的透视关系（图5-79）。

图5-79 步骤二

**步骤三：**

对桥和桥周围部分深入刻画，并对照右边河面透视关系，画出左面河岸。适当表现水中倒影，注意水中倒影的边线要画得含蓄、灵活（图5-80）。

图5-80 步骤三

**步骤四：**

对河两边的房子和水中倒影进一步深入刻画，注意房子的留白，补充远景。从整体出发，用加强和减弱等方式，对整个画面进行检查、调整、修改（图5-81）。

图5-81 步骤四 乌镇小桥（胡林辉）

## 5.4.4 建筑速写步骤演示例四

本例是以皖南农村街道（图5-82）为主题的写生。

图5-82 后边溪街实景

材料工具：中性笔、有底纹浅色卡纸。

**步骤一：**

首先在构图上，把右侧的建筑物压缩在极狭小的面积里，用一扇正面的门，置于画面中景位置，作为遮挡物，使其与后面的建筑拉开距离。布局时先用简单的线条，勾画出最前面比较高的建筑物的轮廓，要比较房子的高矮、大小、远近等关系，给后面的房子预留出空间。同时要关照房子的透视关系，随时检查视平线的位置，房子要表现的错落有致，地面的轮廓线不能画得太直，在保持前后透视正确的情况下，尽量找些变化。小石桥上的胡同口预留出画人物的地方（图 5-83）。

图 5-83　步骤一

**步骤二：**

房瓦要一次画好，注意线条的趣味性和疏密关系，充实地面关系时，画上点景人物和摩托车使画面增加些生活气息（图 5-84）。

**步骤三：**

先添加后面的房子，再用密集的线条表现出石头墙的特征，这是为了更好的衬托出前面的石板桥和地面，所以地面上的东西不能画太多；同时对左下方的墙面及河道做了空白虚化处理（图 5-85）。

**步骤四：**

为了使画面更有层次感，把离得较远的房子放在了左后方（实景照片中看不到的房子），以增加层次感。对画面做一些调整，根据画面的需要添加窗户和门。这一点要注意，有时墙上没东西显得空，需要添加门窗，可以把别的地方的门窗移位过来画上，以增加变化。反之，如不合适的门窗可以改变甚至去掉（图 5-86）。

图 5-84　步骤二

图 5-85 步骤三

## 5.4.5 建筑速写步骤演示例五

材料工具：钢笔、针管笔、绘图纸。

**步骤一：**

在绘制之前，要对画面整体的安排，做到心中有数，首先画前面的沙发及地毯组件，特别要准确地把握好透视和比例关系（图 5-87）。

**步骤二：**

根据近大远小的透视关系，特别是要参考沙发的

图 5-86 步骤四 后边溪街速写（靳浩）

高度来表现出灯具及背部墙体（图 5-88）。

**步骤三：**

参照沙发及地毯组件的空间比例画出左边墙体及配饰（图 5-89）。

**步骤四：**

用短直线表现出右边墙体及窗帘布的材质，要细心刻画，行笔要轻松，还要注意行笔的节奏、线条的开合，最后将每个局部深入刻画，调整好画面的明暗关系，左右两侧虚化，突出主体的空间位置（图 5-90）。

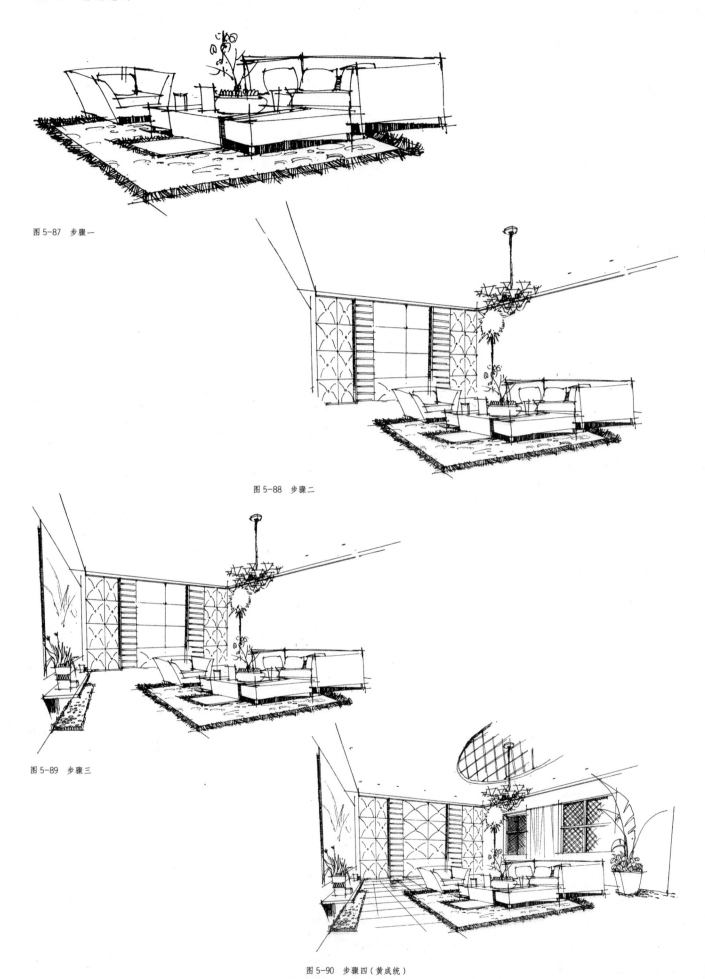

图 5-87 步骤一

图 5-88 步骤二

图 5-89 步骤三

图 5-90 步骤四（黄成统）

第6章　建筑速写作品欣赏

# 6.1  精选写生实例赏析

## 6.1.1  实例一

图 6-1 为安徽南部山区居民家院中的实景。取景时选取了左侧较高的棕榈树和前面的部分景物作近景，主体就是画面中心的园门和园窗及附近的景物，围绕这部分做了深入刻画，因为用的是钢笔，所以必须要先从前面的景物开始画起，要前后一起考虑着画。远处及树木的后面做了虚化空白处理，地面也不能平均对待，如图 6-2 所示。

图 6-1  皖南人家庭院实景

图 6-2  庭院（靳浩）

## 6.1.2 实例二

　　图6-3是一皖南民居大门的实景。在构思时只想表现门，所以把门周边的景物尽量省略。虽然用的是明暗表现手法，但并不表现光影。重点刻画具有徽派建筑特征的砖雕部分和大门，墙面的肌理也是有选择的刻画，地面注意表现出岁月的痕迹，如图6-4所示。

图6-3 皖南民居实景

图6-4 门（靳浩）

## 6.1.3 实例三

　　图6-5是一组群体建筑实景。为了表现建筑群的古朴，取景时把前面的景物大部舍弃，保留并强化了屋前的杂物。左面的树木是根据周围的树木重新组合的，远处的房子也是移位替换取得的，表现手法采用了线面结合的方法，如图6-6所示。

图6-5 皖南民居实景

图 6-6 老屋（靳浩）

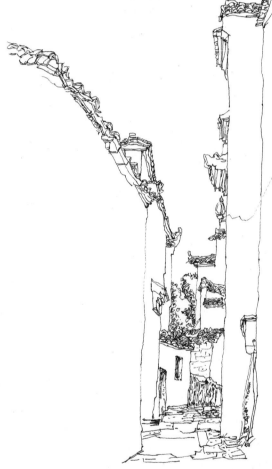

图 6-7 皖南写生（巩尊珉）

## 6.1.4 实例四

图 6-7 是用单线勾画的街道小景，作者使用了夸张的手法，用左边的大面积的空白来对应右边的密集，使疏密关系得以充分体现。

## 6.1.5 实例五

图 6-8 使用了线面结合的表现手法，借助一定的光影效果表现墙面和地面，体现出较好的层次效果。

图 6-8 皖南写生（武兆辉）

## 6.1.6 实例六

图 6-9 表现的是湘西吊脚楼，写生时使用了大面积的空白表示河水，与屋顶瓦片的密集产生呼应，形成了对比协调的韵律感。添加了两个打雨伞的人，以表现出细雨绵绵的感觉。

图6-9 春雨涟涟（靳浩）

## 6.2 建筑速写优秀作品欣赏

图6-10～图6-85为所选优秀建筑速写作品。

图6-10 建筑写生（佚名）

图6-11 太行山石板岩拱门（黄华明）

图6-12 建筑写生（路易斯·福森伯格）

图6-13 巷口（佚名）

图 6-14 街巷（邱立岗）

图 6-15 景观亭（王树茂）

图 6-16 室内速写
（陈向武）

图 6-17 建筑写生（西奥多·考斯基）

图6-18　湘西凤凰写生（王雪峰）

图6-19　贵州写生（马海英）

图6-20 湘西写生（巩尊珉）

图6-21 《枫树》靳浩

图6-22 独峒写生（王雪峰）

图6-23 院落（戴钰）

图6-24 元宝山写生（王雪峰）

图 6-25 小镇街巷（R.S.奥列佛）

图 6-26 湘西吊脚楼（靳浩）

图 6-27　建筑写生（塞尔·路易斯）

图 6-28　建筑写生（西奥多·考斯基）

图 6-29　婺源写生（鹿宽）

图 6-30　水乡（袁诚）

图 6-31　婺源写生（鹿宽）

图 6-32 江西婺源（朱炜彪）

图 6-33 梁村印象（王树茂）

图 6-34 广西三江（黎子维）

图6-35 老街（张广兴）

图6-36 亭（王树茂）

图 6-37　建筑写生（阿尔伯特·登·比布尔）

图 6-38　建筑室内速写（王泽烨）

图 6-39　建筑写生（路易斯·福森伯格）

图 6-40　建筑写生（西奥多·考斯基）

图 6-41　平遥古镇（王树茂）

图 6-42　太行写生（赵圣龄）

图 6-43　江西婺源（丁卓桐）

图6-44　现代建筑（理查德·罗顿）

图6-45　建筑写生（门采儿）

图6-47　流水别墅（戴尼·珀斯）

图6-46　建筑室内写生（欧内斯特·波恩）

图 6-48 老屋（袁诚）

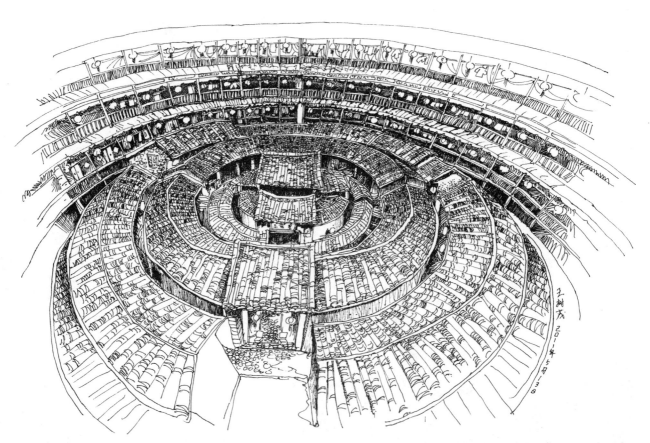

图 6-49 围屋（王树茂）

图 6-50 凤凰古城（靳浩）

图 6-51 芙蓉镇（巩尊珉）

图 6-52 广西三江（张在宇）

图 6-53　贵州安顺（马海英）

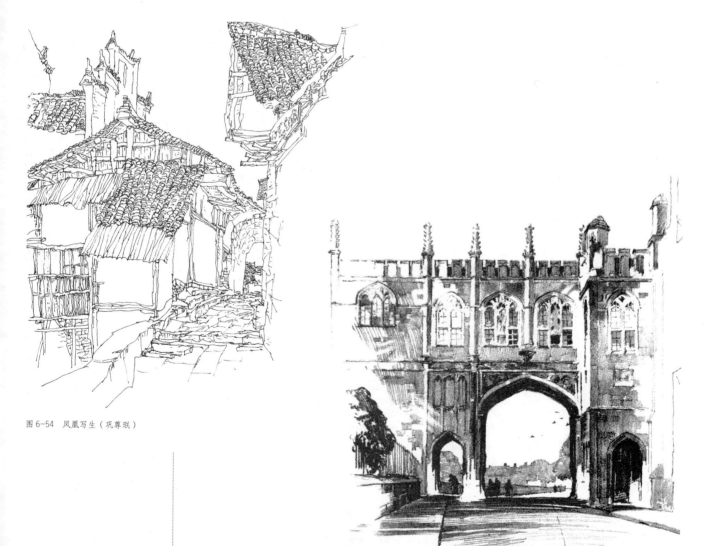

图 6-54　凤凰写生（巩尊珉）

图 6-55　建筑写生（欧内斯特·W.沃特森）

图6-56 建筑室内写生（佛罗伊德·尤维尔）

图6-57 建筑室内写生（陈向武）

图6-58 建筑写生（吉姆·海耶斯）

图 6-59 建筑室内写生（吉姆·海耶斯）

图 6-60 建筑写生（R.S.奥列佛）

图 6-61　古镇（巩尊珉）

图 6-62　周庄写生（靳浩）

图 6-63　皖南写生（鹿宽）

图 6-64　珠江新城（王树茂）

图 6-65　束河古镇（殷易强）

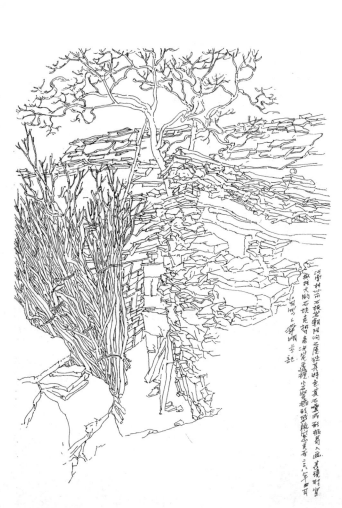

图 6-66　太行石板岩民居 1（黄华明）

图 6-67　太行石板岩民居 2（黄华明）

图 6-68　街景（海德·布兰德）

图 6-69　建筑室内（阿斯·哈斯）

图 6-70　建筑室内（何毅俊）

图 6-71　教堂（埃尔托德·切斯林）

图 6-72　街景（R.S.奥列佛）

图 6-73 湘西苗寨（巩尊珉）

图 6-74 祠堂（田成光）

图 6-75　周庄写生（靳浩）

图 6-76　贵州写生（马海英）

图6-77 菜园子（靳浩）

图6-78 江西婺源（朱炜彪）

图6-79 同里水乡（王雪峰）

图6-80 太行写生（赵圣龄）

图 6-81 江西婺源（刘灿超）

图 6-82 皖南写生（巩尊珉）

图 6-83 雁山写生（王雪峰）

图 6-84　小桥流水人家（靳浩）

图 6-85　太行民居街巷（黄华明）

# 参考文献

［1］ 迈克·林.美国建筑画［M］.司小虎，译.北京：中国建筑工业出版社，1990.

［2］ R.S.奥列佛.奥列佛风景速写教学［M］.杨径青，杨志达，译.南宁：广西美术出版社，2011.

［3］ 刘凤兰.素描教程［M］.北京：中国建筑工业出版社，2010.

［4］ 鲁道夫·阿恩海姆.艺术与视知觉［M］.滕守尧，朱疆源，译.成都：四川人民出版社，1998.

［5］ 林家阳，冯俊熙.设计素描［M］.北京：高等教育出版社，2005.

［6］ 王雪峰.风景速写［M］.南宁：广西美术出版社，2007.

［7］ 孙炳明，杨志宏.建筑写生室内与室外［M］.石家庄：河北美术出版社，2004.

［8］ 许江，王忠义.从素描走向设计［M］.杭州：中国美术学院出版社，2002.

［9］ 俞善庆，张小线，陈列.日本现代建筑画选室外编［M］.北京：中国建筑工业出版社，1991.

［10］ 俞善庆，张小线，陈列.日本现代建筑画选室内编［M］.北京：中国建筑工业出版社，1991.

［11］ 王弘力.黑白画理［M］.沈阳：辽宁美术出版社，1991.

［12］ 王琼.酒店设计方法与手稿［M］.沈阳：辽宁科学技术出版社，2007.